**感谢：生物化学与分子生物学博士韦剑辉先生对本书内容进行了审订**

图书在版编目（CIP）数据

DNA：你身体里的密码 /（美）拉贾尼·拉罗卡著；
（美）史蒂文·萨莱诺绘；周达闻译. — 昆明：晨光出
版社，2024.3
ISBN 978-7-5715-1994-0

Ⅰ.①D… Ⅱ.①拉… ②史… ③周… Ⅲ.①脱氧核
糖核酸 - 儿童读物 Ⅳ.① Q523-49

中国国家版本馆 CIP 数据核字（2023）第 078189 号

THE SECRET CODE INSIDE YOU
First published in the United States by Little Bee Books
Text copyright © 2021 by Rajani LaRocca
Illustrations copyright © 2021 by Steven Salerno

著作权合同登记号 图字: 23-2023-046号

DNA：NI SHENTI LI DE MIMA

# DNA：你身体里的密码

〔美〕拉贾尼·拉罗卡 著　　〔美〕史蒂文·萨莱诺 绘　　周达闻 译

出 版 人　杨旭恒

| 项目策划 | 禹田文化 | 营销编辑 | 张玉煜 |
| 责任编辑 | 李　洁 | 装帧设计 | 尾　巴 |
| 项目编辑 | 卢奕彤 | 责任印制 | 盛　杰 |
| 版权编辑 | 张烨洲 | | |

出　　版　晨光出版社
地　　址　昆明市环城西路609号新闻出版大楼
邮　　编　650034
发行电话　（010）88356856 88356858
印　　刷　北京顶佳世纪印刷有限公司
经　　销　各地新华书店
版　　次　2024年3月第1版
印　　次　2024年3月第1次印刷
开　　本　210mm×270mm 16开
印　　张　2.5
ISBN　978-7-5715-1994-0
字　　数　40千
定　　价　55.00元

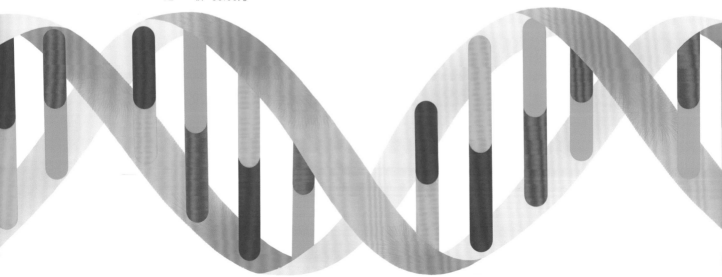

退换声明：若有印刷质量问题，请及时和销售部门（010-88356856）联系退换。

# DNA:

# 你身体里的密码

## 为你揭开看不见的生命奥秘

〔美〕拉贾尼·拉罗卡 著

〔美〕史蒂文·萨莱诺 绘

周达闻 译

晨光出版社

为什么你不像小狗一样毛茸茸的，
也不像蜜蜂那样会"嗡嗡"叫？

为什么你不能像食蚁兽那样吃蚂蚁①……

① 食蚁兽面部长长的部位是嘴，它们通常用舌头上的黏液粘住蚂蚁后吸进嘴里。

也无法在水下自由呼吸？

为什么你没有鲨鱼那样闪闪发亮的鱼鳍，
也没有尖尖的牙齿？

为什么你既不能用舌头捕捉苍蝇，

也

无法

在黑暗中

看清

周围的

东西？

为什么你不像青蛙一样跳跃前进，
也不像蜘蛛那样爬行？

为什么你不能下蛋，

也无法

在空中

自由翱翔？

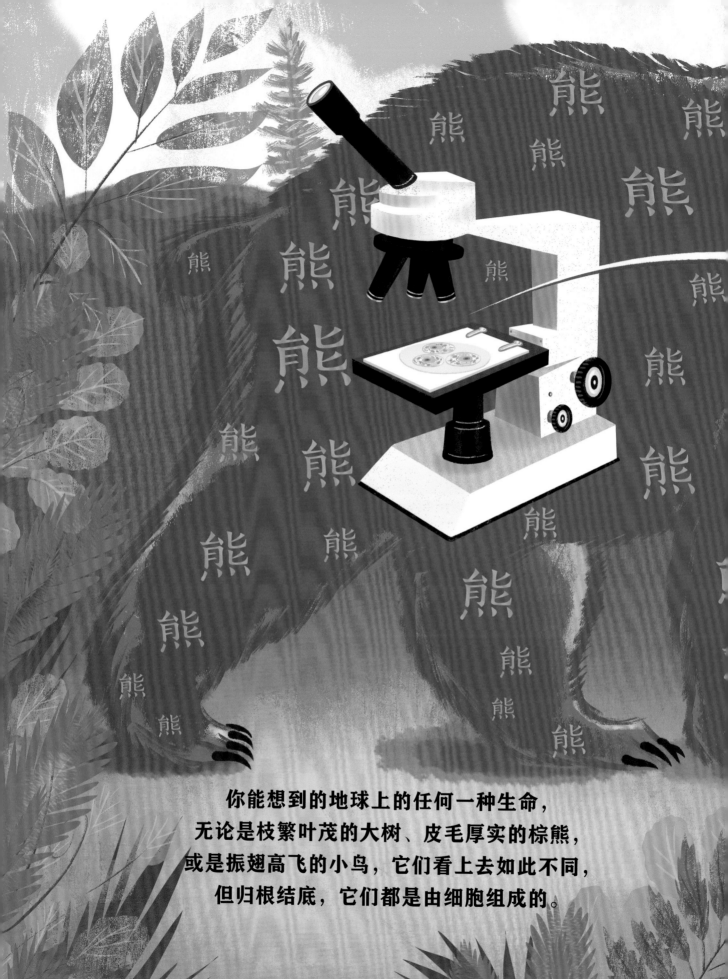

你能想到的地球上的任何一种生命，
无论是枝繁叶茂的大树、皮毛厚实的棕熊，
或是振翅高飞的小鸟，它们看上去如此不同，
但归根结底，它们都是由细胞组成的。

如何成为一只熊

每个细胞的中心，
那些无法用肉眼探寻到的地方，
藏着不同物种与生命相关的信息。

你的身体里有一种密码，叫作 DNA。
它决定了你身体中的细胞应该做些什么。

DNA 是什么样的呢？
它看上去像扭曲的梯子，又像螺旋状的面条。
它决定了每个生命体成为什么物种、长成什么样子，
比如，它让我们成为人类——

DNA

而不是一条贵宾犬。

DNA 的存在，
让小羊羔长大后仍然是一只羊，
而不是袋鼠。

小鸡会长成大公鸡或大母鸡，

而长大后的你，
也依旧是独一无二的你。

当你和爸爸一起站在镜子前时，
也许会发现你们的鼻子几乎一模一样。
当你低头观察自己弯弯的小脚趾时，
可能会觉得看到了妈妈的脚趾。

你是不是时常好奇自己未来的模样：
个子是高还是矮？
会不会有一对大耳朵？
手掌是大还是小？

解开这些问题的密码
就是 DNA 上的基因。

身体通过对基因的"翻译"，

最终合成蛋白质。

这些蛋白质构成了你的肌肉、骨骼和皮肤，
也决定了你——

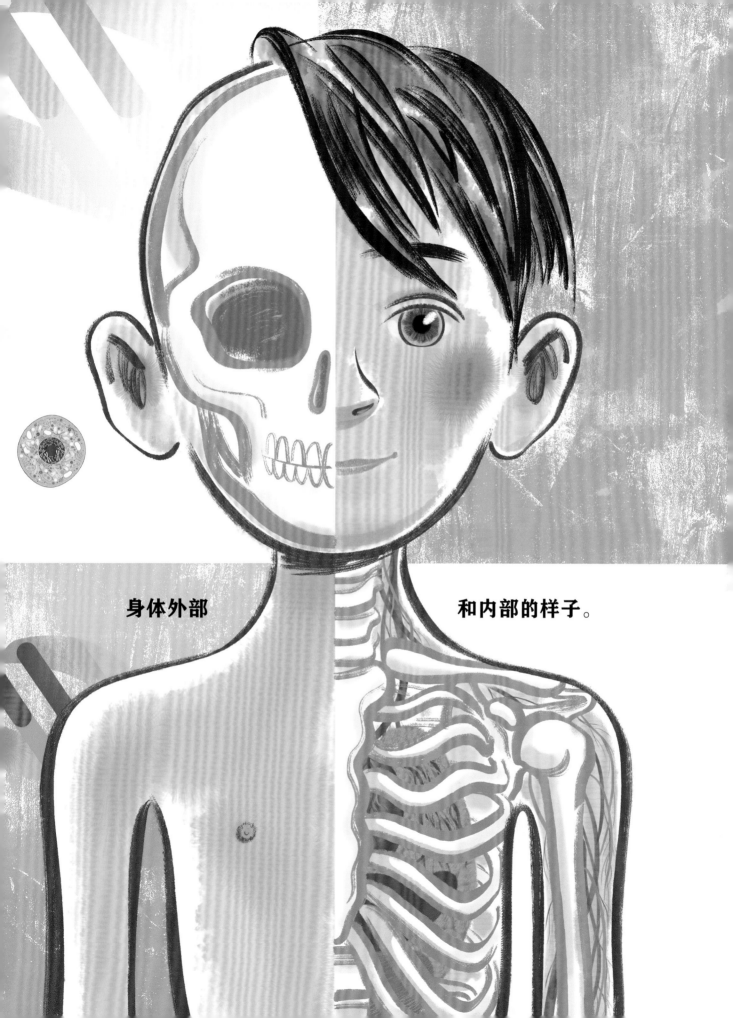

身体外部　　　　　　　　和内部的样子。

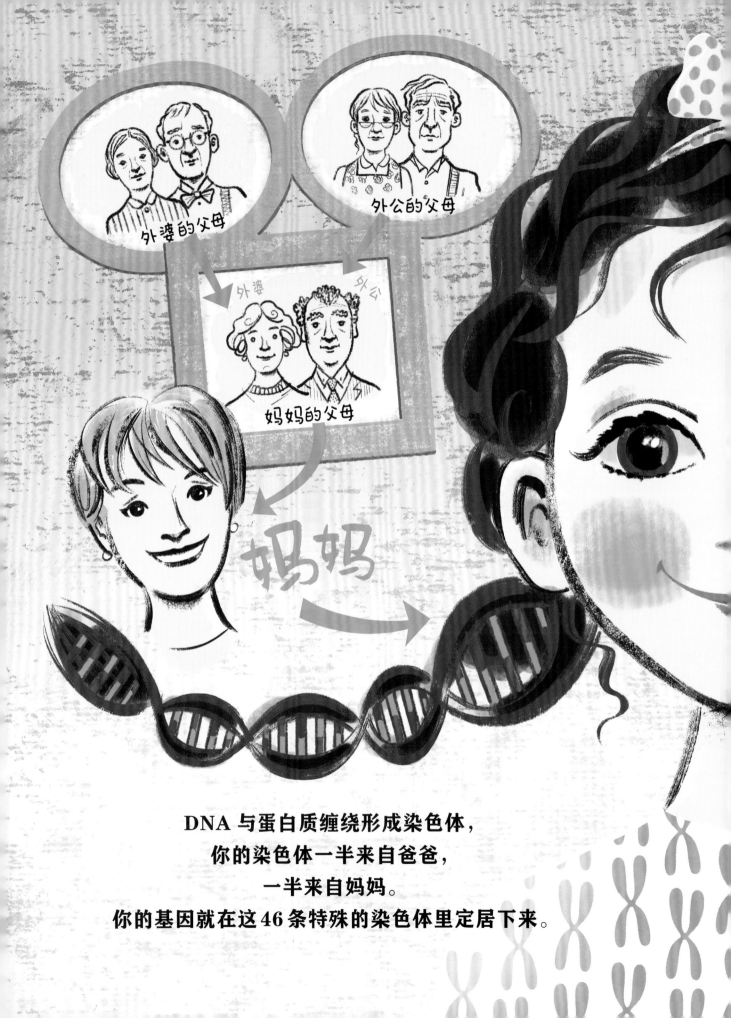

DNA 与蛋白质缠绕形成染色体，
你的染色体一半来自爸爸，
一半来自妈妈。
你的基因就在这 46 条特殊的染色体里定居下来。

你的基因既来自你的父母，
也来自你的祖父、祖母。
你与你熟悉或者你不熟悉的亲人们
共享着这些遗传基因。

这些基因，
盘绕在你的每一个细胞中。
你身体内的密码造就了独具特色的你，
但仍有很多东西是它无法左右的。

它决定了你眼睛的颜色，
但你可以自己选择想看的风景：
欣赏翩翩起舞的蝴蝶，
凝视日落时被霞光染红的天空，
或者，阅读面前的这本书。

你身体里的密码在一定程度上决定了
你运动能力的强弱，
但你可以选择自己喜欢的运动方式：

你可以跳绳，

可以跳远，

可以后空翻，

可以转动轮子，

也可以随着自己的节拍起舞。

你身体里的密码让你拥有了灵活的双手，
但你可以选择用手玩什么：

玩具卡车，

球类，

积木，

或是橡皮泥。

橡皮泥

品红色

青色

颜料，

各种小鼓，

还有洋娃娃。

你身体里的密码给了你聪慧的大脑，
但你的未来由你自己掌握：
成为老师、医生，
或是探索宇宙、天空、海洋的探险家！

你身体里的密码决定了你的模样，
但你每天选择去做的事，
让你成为了世界上独一无二的自己！

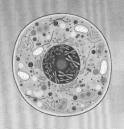
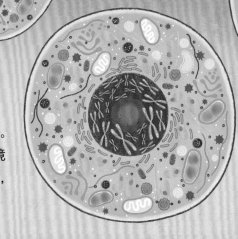

# 关于DNA的
# 一些真相

◊ 每一种生物都是由被称为"细胞"的微小部件组成的。大多数情况下，你无法用肉眼看到它们，甚至用放大镜也看不到。这时，你就需要一种特殊的科学仪器来帮忙，那便是显微镜。

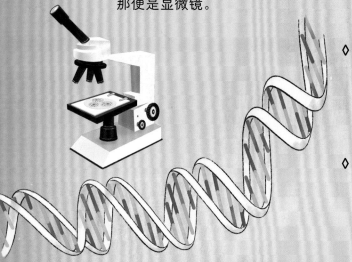

◊ 人体中有大约 30 万亿个细胞！细胞核位于细胞的中心，这里储存着我们身体里的密码——DNA，它是脱氧核糖核酸的简称（DeoxyriboNucleic Acid）。

◊ 1869 年，科学家们发现了 DNA 的存在，但直到 1953 年，他们才研究清楚它到底长什么样。DNA 看起来像两截绳子盘绕成扭曲的梯子形状，这个形态被称作双螺旋结构。

◊ DNA 被卷曲、压缩后形成的结构被称为染色体。人类的每个细胞中都有 23 对染色体，共 46 条。其中一半的染色体来自母亲，另一半则来自父亲。父亲和母亲的染色体从他们各自的父母那里获得，而他们父母的染色体，同样也从各自的父母那里获得，以此类推。这就是为什么你和你的父母以及兄弟姐妹长得很像，但你也可能和你的表兄弟姐妹、堂兄弟姐妹或是其他亲戚长得有些像。

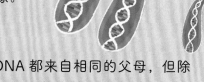

◊ 对于亲兄弟姐妹来说，虽然他们的 DNA 都来自相同的父母，但除非他们是同卵双胞胎，否则每个人的 DNA 组合都会有所差异。

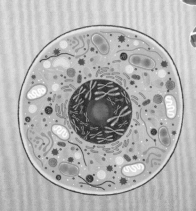

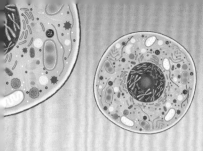

◇  每一条染色体上的 DNA 都可以被划分为最基本的单元：基因。你的基因决定了你的外表，包括你头发和眼睛的颜色，你的身高，以及你会不会有酒窝……基因还能决定很多你看不到的东西，比如你的血型，甚至你是否会患有某种疾病。

◇  基因通过转录被解码，在转录的过程中，基因被临时复制出副本，接着细胞在一个被称为翻译的过程中用这个副本来合成蛋白质。每一个基因都能编码一种蛋白质，通过这些蛋白质，基因可以影响细胞的功能，而这可以使得你的皮肤细胞不同于你的骨骼细胞和心脏细胞，也让你的细胞区别于其他的动物细胞、植物细胞以及任何人的细胞。

◇  如果你把一个细胞中所有的 DNA 展开后连在一起，差不多会有 2 米长。

◇  如果把你体内所有的 DNA 首尾相连，它的长度相当于从地球到太阳往返几百次的距离！

◇  人与人之间有 99.9% 的 DNA 是相同的。

◇  人类与黑猩猩有大约 96%—98% 的 DNA 是相同的。

◇  人类与香蕉有大约 50% 的 DNA 也是相同的。

◇  你觉得 DNA 的相似程度和物种外貌的相似程度密切相关吗？其实，人类与老鼠的 DNA 相似程度也超过了 85%，但你们看起来可完全不同！

# 小实验：
# 提取香蕉的DNA

通过这个实验，你可以观察到香蕉的 DNA，安全起见，你需要请一位成年人来辅助你进行实验哟！

## 准备材料

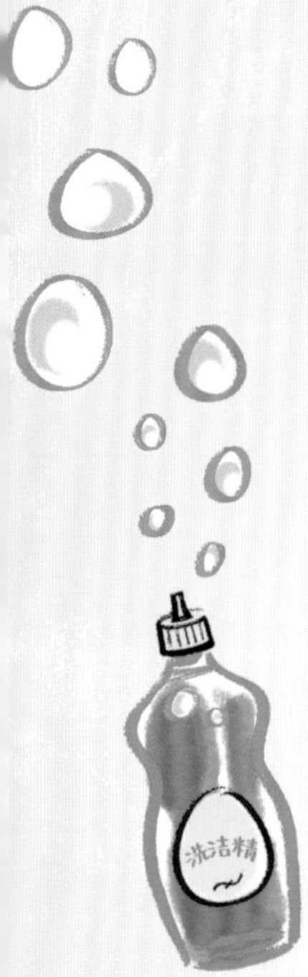

◇ 半根成熟度适中的香蕉（去皮）

◇ 半杯热水（约 120ml）

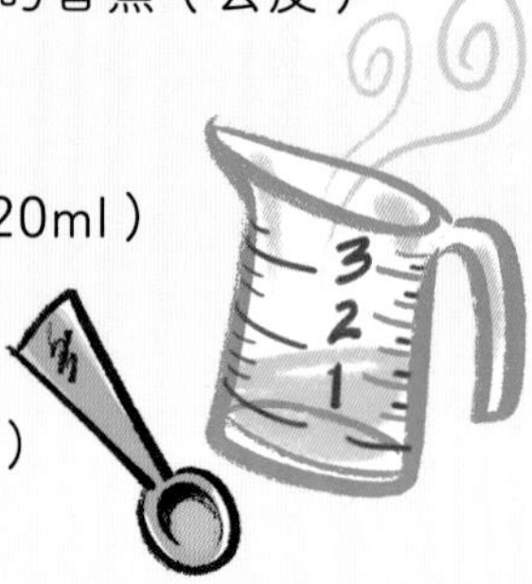

◇ 1 茶匙盐（约 6g）

◇ 半茶匙洗洁精（约 2.5ml）

◇ 1 个可重复使用的中号密封袋

◇ 1 瓶浓度 90%—100% 的医用酒精（至少提前 2 小时放入冰箱冷藏）

◇ 咖啡滤纸（或其他性能良好的滤纸）

◇ 窄口玻璃杯（容量不小于 250ml）

◇ 胶带

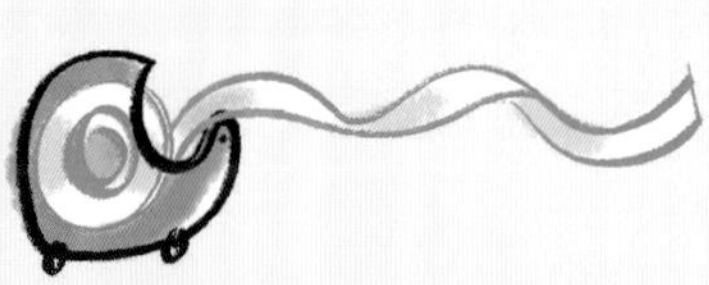

◇ 木质搅拌勺或搅拌棒

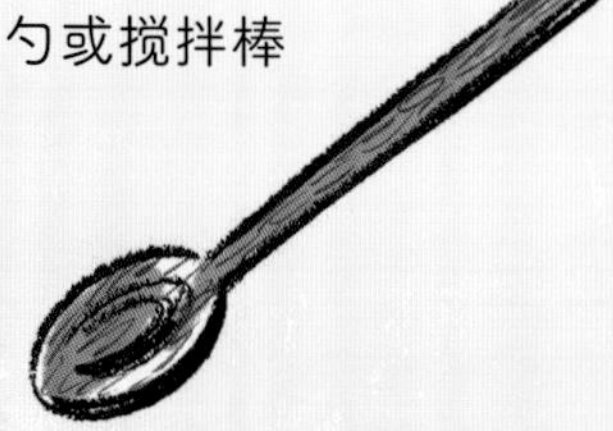

# 实验步骤

1. 把香蕉放入密封袋，轻轻捣碎，使之完全成为糊状的香蕉泥，确保其中没有块状物。

2. 将盐加入热水中，混合均匀后把混合好的盐水小心地倒入装着香蕉泥的密封袋中。密封好袋子，轻轻揉捏 1 分钟，使盐水与香蕉泥充分混合。

3. 将洗洁精倒入密封袋中，再次轻轻揉捏混合，避免产生太多泡沫。

4. 用胶带把咖啡滤纸固定在玻璃杯顶端，避免它移动。

5. 把密封袋里的香蕉泥混合物倒入滤纸中，其中的液体会渗透过滤纸，慢慢滴落到玻璃杯里。待液体滴尽后，取下滤纸，将里面的香蕉泥倒入厨余垃圾箱。

6. 从冰箱里取出酒精，将玻璃杯倾斜扶住，沿着杯壁慢慢倒入酒精（防止酒精飞溅），总共倒入约 2—5 厘米高的酒精。你会发现酒精在香蕉泥过滤出的液体上形成了单独的一层。

7. 静置 8—10 分钟，你会看到酒精层中出现了气泡或絮状物（有时也会呈现块状）。

8. 用搅拌棒戳一戳酒精层中的絮状物，转动几下，并取出一些。这些取出的物质，就是香蕉的 DNA！现在，你用肉眼就能看到大量聚集在一起的 DNA，但如果你想看到单链 DNA 的双螺旋形状，就需要一台特殊的显微镜来帮忙了。

在这个实验中，我们用盐水、洗洁精与香蕉泥混合，还在上面倒入了一层酒精。这其中的每一步都对提取香蕉的 DNA 起着关键的作用，因为：

- 将香蕉捣成泥状，能够破坏细胞的细胞壁。

- 洗洁精的作用是分解细胞膜与细胞核的脂质层，将 DNA 从细胞核中释放出来。

- 虽然 DNA 可以在一些液体中溶解，却无法溶解在酒精中，因此当 DNA 到达酒精层时就会慢慢聚集，以絮状物的样子出现。

- 盐有助于让 DNA 聚集在一起，形成我们肉眼可见的絮状物。

- 每一种生物都有 DNA，你也可以试试用其他水果或蔬菜来进行这个实验。

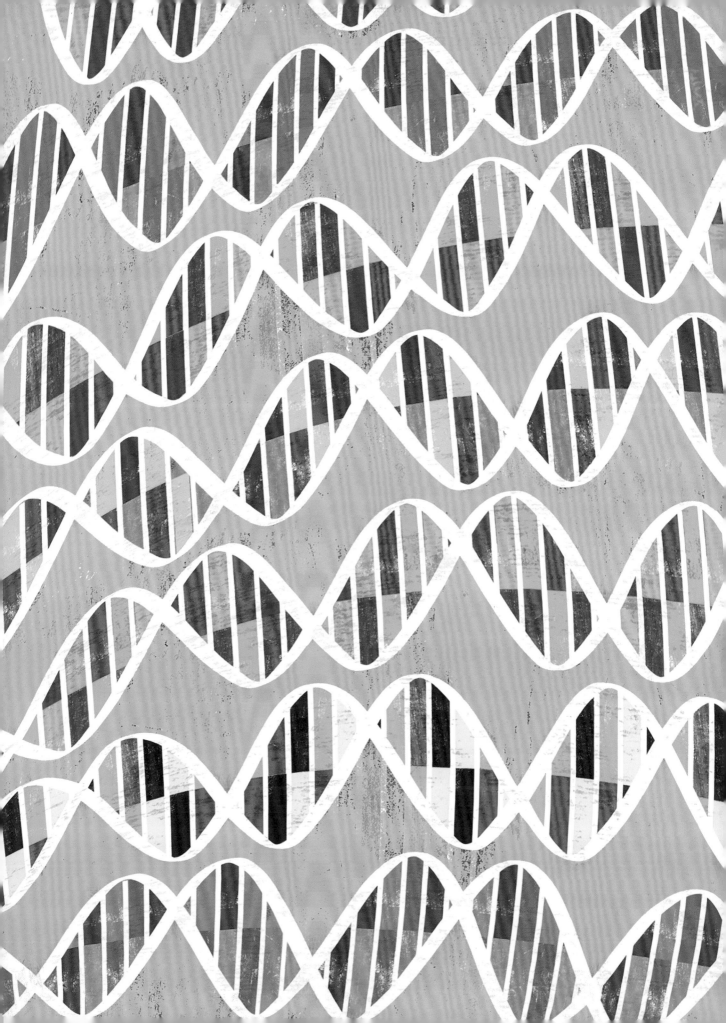